Muhammad Ahsan Razzaq

Conceção preliminar e desenvolvimento de protótipo de transmissor de carga útil

Muhammad Ahsan Razzaq

Conceção preliminar e desenvolvimento de protótipo de transmissor de carga útil

ScienciaScripts

Imprint
Any brand names and product names mentioned in this book are subject to trademark, brand or patent protection and are trademarks or registered trademarks of their respective holders. The use of brand names, product names, common names, trade names, product descriptions etc. even without a particular marking in this work is in no way to be construed to mean that such names may be regarded as unrestricted in respect of trademark and brand protection legislation and could thus be used by anyone.

Cover image: www.ingimage.com

This book is a translation from the original published under ISBN 978-3-659-82831-7.

Publisher:
Sciencia Scripts
is a trademark of
Dodo Books Indian Ocean Ltd. and OmniScriptum S.R.L publishing group

120 High Road, East Finchley, London, N2 9ED, United Kingdom
Str. Armeneasca 28/1, office 1, Chisinau MD-2012, Republic of Moldova, Europe
Printed at: see last page
ISBN: 978-620-8-17839-0

Resumo

A unidade transmissora da carga útil é essencialmente o cérebro vivo de um satélite e é constituída por vários pequenos módulos. Foi originalmente adoptada pela SUPARCO como parte do PNSS-1, mas devido a atrasos no financiamento, foram utilizados componentes normais de prateleira e de baixo custo em vez de componentes de nível espacial/militar para obter quase os mesmos resultados que os previstos com o PNSS-1. Consiste num transmissor-recetor e é capaz de receber o sinal de controlo do transmissor da estação terrestre, com base no qual transmite todos os dados de telemetria, ou seja, temperatura, corrente e humidade, para a estação terrestre utilizando a modulação BPSK a um débito de dados de 256 Kbps. Além disso, pode receber sinais de voz/áudio modulados em frequência da estação terrestre e enviá-los de volta à estação terrestre numa frequência diferente de 110 MHz. Para integrar os dados de telemetria no transmissor de carga útil, apenas são utilizados um sensor de temperatura e um sensor de humidade, juntamente com um sensor de corrente, que estão ligados entre si através de um microcontrolador PIC 16F877A. Foram tomadas disposições para visualizar as informações recebidas num dispositivo LCD.

ADEQUADO PARA

Deus Todo-Poderoso,

Os professores pela sua ajuda

E aos nossos pais pelo seu apoio

COTAÇÃO

Nada acontece sem a vontade de Alá Todo-Poderoso. Agradecemos a Alá Todo-Poderoso por nos ter dado o conhecimento e a força para sermos bem sucedidos nesta tarefa.

Gostaríamos de agradecer ao nosso supervisor do projeto, Asst Prof Fazal Ahmed, e ao nosso conselheiro, Tenente-Coronel Dr. Adnan Ahmad Khan, sem cujo apoio e encorajamento não teria sido possível concluir este projeto.

Os nossos agradecimentos especiais vão para Abdul Moiz Ahmad Pirkani pelo seu apoio inabalável em tempos verdadeiramente difíceis.

Gostaríamos também de agradecer aos nossos colegas pelo seu apoio no desenvolvimento do projeto e às pessoas que voluntariamente nos ajudaram com as suas competências.

Por último, mas não menos importante, estamos muito gratos aos nossos pais, que nos apoiaram em tempos difíceis e cheios de dificuldades. Sem o seu apoio e encorajamento constantes, não teríamos conseguido atingir os nossos objectivos.

Lista de abreviaturas:

BPSK	Binary Phase Shift Keying
FM	Frequency Modulation
FSK	Frequency Shift keying
LCD	Liquid Crystal Display
PLT	Payload transmitter
PPU	Payload Processing Unit
RF	Radio Frequency
SUPARCO	Pakistan Space and Upper Atmosphere Research Commission
TTCS	Telemetry Telecommand and Control System
TDM	Time Division Multiplexing
TTL	Transistor Transistor Logic
VSWR	Voltage Standing Wave Ratio

Capítulo 1
1.1 Introdução:

1.1.1 Antecedentes
Este projeto constitui a base do projeto de satélite exigido pela SUPARCO. Este projeto lança as bases para o megaprojeto, o primeiro do seu género, que deverá estar concluído em dezembro de 2016. A motivação subjacente ao projeto é que poderemos aprender sobre todas as técnicas que serão utilizadas para construir este enorme projeto. Em segundo lugar, poderemos adquirir conhecimentos sobre os diferentes módulos utilizados para este projeto. O entusiasmo de aprender mais e melhorar as nossas competências como engenheiros foi a motivação para escolher este projeto.

1.1.2 Definição do problema
"Conceção preliminar e desenvolvimento de protótipo de um transmissor de dados de carga útil para o Satélite Nacional de Estudantes 1 do Paquistão"

1.2 Descrição do projeto
A unidade transmissora da carga útil é constituída por várias peças diferentes que o SUPARCO exige, mas devido a atrasos orçamentais significativos, tivemos de mudar de componentes qualificados para o espaço para componentes não qualificados para o espaço. Isto permitiu-nos reduzir os custos e desenvolver um protótipo que constitui a base do projeto SUPARCO.

Neste projeto, asseguramos uma comunicação eficiente do sinal áudio e integramos a telemetria que nos fornece informações sobre o estado do satélite. Recebemos dois tipos diferentes de sinais do transmissor da estação terrestre. [1]Um é o sinal de voz, que é recebido após modulação de frequência na frequência de ligação ascendente de 114 MHz. Este é depois transmitido ao recetor na frequência de downlink de 110 MHz. O outro sinal é o sinal de telemetria. Sempre que a estação terrestre necessita de dados de telemetria, transmite um sinal que é reconhecido pelo recetor através da desmodulação BPSK. Uma vez recebido o sinal, a temperatura, a humidade e a corrente são medidas e esta informação é transmitida ao centro de controlo utilizando a modulação BPSK.

transmissor. Para saber se a informação correta está a chegar ao recetor, também apresentamos a informação medida num LCD.

1.3 Domínio de aplicação potencial

1. A modulação de frequência é amplamente utilizada no sector da radiodifusão, uma vez que é insensível ao ruído. Como a maior parte do ruído se baseia na amplitude, pode ser removido passando o sinal por um limitador, de modo a que apenas ocorram flutuações de frequência.
2. Pode ajudar na localização de animais. Os transmissores de radiofrequência são fixados nas patas das aves ou dos animais e os sinais são continuamente enviados para um satélite para seguir a localização de um animal.
3. O FM é utilizado em aplicações móveis porque pode suportar flutuações do nível de sinal.
4. A FM aumentará a eficiência do transmissor, uma vez que são utilizados amplificadores não lineares.
5. O gerador de HF num forno de micro-ondas, a eletrocirurgia e o aquecimento por indução têm uma conceção semelhante à dos transmissores de HF.
6. Todos os dados de telemetria podem ser monitorizados a partir da estação terrestre e o satélite pode ser obrigado a manter-se dentro da sua janela orbital.
7. A temperatura, a humidade e a amperagem podem ser ajustadas dentro do intervalo, utilizando as informações recolhidas pelo satélite.
8. O BPSK é utilizado em muitos domínios diferentes das comunicações móveis e por satélite.

1.4 Âmbito, objectivos, especificações e resultados:

1.4.1 Âmbito e objectivos:

Os principais objectivos do projeto são os seguintes:

1. Compreender e conceber a unidade transmissora de carga útil

2. Simulação de diferentes blocos em diferentes programas informáticos
3. Implementação com a ajuda de um microcontrolador
4. Ligar eficazmente diferentes blocos entre si
5. Modulação BPSK para a transmissão de dados de telemetria
6. FM para a transmissão de sinais de voz

Os objectivos do projeto são os seguintes:

1. Maximizar a utilização do património existente
2. Modularidade na conceção
3. Otimização da conceção para uma frequência e potência de saída específicas
4. Produto inovador
5. Desempenho eficiente
6. Comunicação eficiente de sinais áudio
7. Transmissão de dados de telemetria

1.4.2Especificações :

PARAMETERS	DESIRED
INPUT VOLTAGE	+5/12 VOLTS
INPUT MAX POWER	3 WATTS
TRANSMITTING FREQUENCY	110-114 MHz
MAX MASS	2.5 KILOGRAMS
OUTPUT POWER	27dBm ~ 501.18mW
VSWR	≥1.3:1
D/L FREQUENCY	433.9MHz
MODULATION	BPSK/FM
MULTIPLETING SCHEME	TDM

Figura 1: Especificações do projeto [2]

1.4. 3Serviços:

1 Emissor e recetor do canal de voz em FM
2 Recetor para o sinal de controlo e emissor para o envio de informações de telemetria utilizando BPSK
3 Sensor de temperatura para medir a temperatura do segmento de carga útil
4 Sensor de humidade
5 Deteção de corrente com a ajuda de um circuito
6 Ligação LCD
7 Microcontrolador PIC

Capítulo 2

2.1 Revisão da literatura:

2.1.1 Panorama da literatura existente:

A unidade transmissora de dados da carga útil é responsável pela transmissão dos dados da carga útil para a estação terrestre. As principais funções do transmissor de carga útil são as seguintes:

1. Receção de dados da estação terrestre Transmissor
2. Modulação BPSK
3. Transmissão dos dados da carga útil para a antena de transmissão do TTCS para reencaminhamento para o solo.
4. Condicionamento do sinal da sua própria telemetria
5. Medição da temperatura, corrente e humidade com vários sensores
6. Ligar estes sensores a um microcontrolador específico
7. Visualização destes dados de telemetria num ecrã LCD

O transmissor de carga útil é responsável pela transmissão dos dados da carga útil para a estação terrestre utilizando a antena de transmissão do TTCS. Recebe os dados do transmissor da estação terrena em formato NRZ e extrai a informação após desmodulação BPSK. [3].Estes fluxos de bits indicam que a estação terrestre necessita dos dados de telemetria, que são interpretados com a ajuda do microcontrolador PIC. O microcontrolador recolhe os dados dos vários sensores e depois apresenta-os no LCD. Esta informação é depois transmitida para a estação terrestre utilizando a modulação BPSK. Isto informa a estação terrestre sobre o estado do satélite.

A segunda parte do projeto é a transmissão do sinal de voz utilizando modulação de frequência. Nesta parte do projeto, o sinal é transmitido em duas frequências diferentes, ou seja, uma para o uplink e outra para o downlink. Com a ajuda desta parte, poderemos aprender as noções básicas de FM e também adquirir conhecimentos sobre a transmissão do sinal em diferentes frequências.

2.2 Formulação do problema:

A unidade transmissora da carga útil é uma das partes mais importantes de um satélite. Para atingir os objectivos e ultrapassar os problemas acima mencionados, procederemos de uma forma simples e eficaz. A unidade transmissora da carga útil deve ser capaz de receber os dados da estação terrestre utilizando um recetor de linha diferencial quádrupla. O demodulador BPSK é então utilizado para extrair a informação. O fluxo de bits NRZ é interpretado para obter conhecimento sobre o sinal recebido da estação terrestre. Com base neste sinal, é utilizado um microcontrolador para obter informações sobre a temperatura, a corrente e a humidade. Estes dados são então mostrados no ecrã LCD e transmitidos à estação terrestre utilizando a modulação BPSK.

2.3 Estudo de fundo:

Este projeto foi inicialmente gerido pela SUPARCO, que teve de ter em conta determinadas caraterísticas.

O transmissor de carga útil é uma parte importante do satélite. O transmissor de carga útil é responsável pela transmissão dos dados da carga útil para a estação terrestre, utilizando a antena de transmissão do TTCS. Recebe dados da PPU e transmite os dados da carga útil após modulação por subportadora e portadora para reencaminhamento para o TTCS. O transmissor da carga útil é também responsável pelo processamento dos seus próprios dados de telemetria e pela sua transmissão à DHU através do bus CAN.

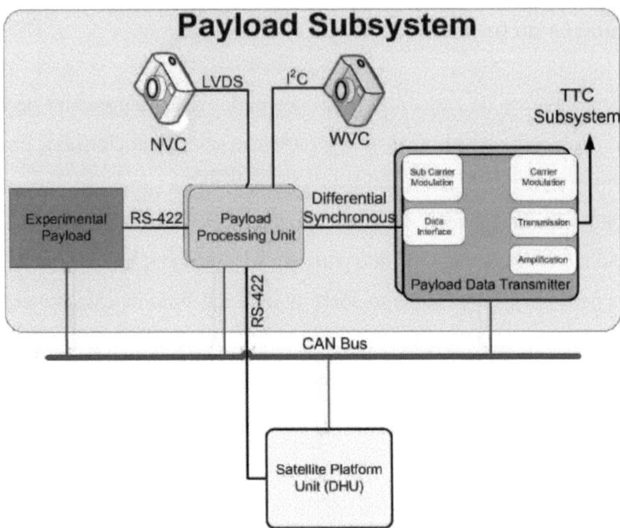

Figura 2: Diagrama inicial do projeto [4]

Originalmente, a abordagem básica deste projeto era que a unidade transmissora da carga útil deveria receber 4 taxas de dados diferentes da **PPU**. Para este efeito, é utilizado um recetor de linha diferencial quádruplo, que fornece uma saída com 4 estados. A tensão de saída é de -6V e +6V, de acordo com a norma RS 422. É utilizado um conversor para converter os sinais de RS 422 para o formato TTL, ou seja, 0-5V. A modulação BPSK é implementada de acordo com uma das duas abordagens de conceção propostas:

1. Modulação de subportadora
2. Modulação direta

Para a abordagem de modulação por subportadora, é utilizado um filtro passa-banda a uma frequência IF de 1 MHz e um misturador de frequência para conversão de alta frequência a 433,9 MHz, conforme especificado no nosso requisito.

É utilizado um filtro passa-banda para a modulação direta na frequência de RF de 433,9 MHz. Este sinal de saída de RF com banda limitada é encaminhado para o amplificador de alta potência (HPA) para atingir uma potência de saída de 27 dBm. O HPA amplifica o sinal de RF antes de ser transmitido para a antena. Para os dados de telecomandos e de telemetria, o microcontrolador recebe entradas dos sensores e envia os dados necessários para a DHU através do bus CAN.[5]

Começámos o nosso projeto centrando-nos nas diretrizes fornecidas pela SUPARCO, mas devido a atrasos significativos no processo, a restrições de tempo do nosso projeto de final de curso e a limitações orçamentais, não nos foi possível continuar com o nosso projeto original, pelo que mudámos de componentes de qualidade espacial para componentes de qualidade não espacial. Isto reduziu os custos e permitiu-nos desenvolver um protótipo para o projeto atual da SUPARCO.

Capítulo 3

3.1 Conceção pormenorizada:

O projeto consiste em diferentes módulos que têm de ser implementados individualmente e depois ligados entre si para criar uma unidade transmissora de carga útil que cumpra os requisitos desejados.

O projeto consiste em dois canais diferentes. Um para a transmissão do sinal de voz e o outro para o sinal de controlo. O sinal de voz é transmitido utilizando modulação de frequência. Em primeiro lugar, a estação terrestre transmite o sinal de voz numa frequência específica e, em seguida, este sinal é transmitido ao recetor numa frequência diferente através do canal de ligação descendente.

A segunda tarefa consiste em receber um sinal de controlo que fornece as informações necessárias à estação terrestre sobre o estado do satélite. Este bit recebido é desmodulado no recetor para conhecer a informação transmitida. A terceira tarefa consiste em medir a corrente, a humidade e a temperatura utilizando sensores para os quais utilizámos um microcontrolador. A quarta tarefa consiste em construir um transmissor que transmita os dados de telemetria para o segmento recetor. Haverá dois módulos que funcionarão como codificador e modulador BPSK e descodificador e desmodulador BPSK. No entanto, estes apenas serão utilizados para a parte da telemetria e não para a transmissão do sinal áudio.

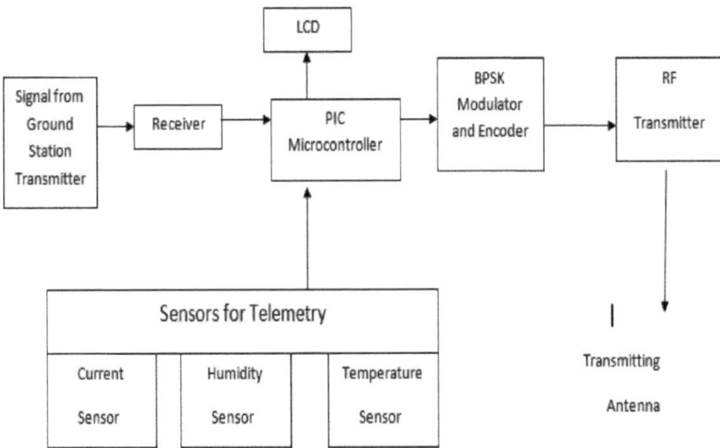

Figura 3: Diagrama de blocos do protótipo do transmissor de carga útil [6]

3. 2Descrição e conceção do módulo

Abordámos o projeto começando por conceber o circuito modulador de frequência e depois desenvolvendo um transmissor e um recetor para o canal de voz. O passo seguinte consiste em medir os dados de telemetria utilizando o PIC 16F877A. A temperatura e a humidade são medidas utilizando vários sensores, enquanto que nós concebemos um circuito para medir a corrente. Esta informação é depois transmitida ao recetor da estação terrestre utilizando a modulação BPSK.

3.2. 1Modulador FM / FSK

Esta é a primeira tarefa a ser concluída. Durante uma transmissão longa, a parte de alta frequência do sinal digital é ligeiramente atenuada e causa distorção. Por isso, o sinal deve ser modulado antes da transmissão e, para o efeito, utilizamos o FSK. Na tecnologia FSK, o sinal de dados é modulado para duas frequências diferentes, de modo a conseguir uma transmissão eficaz. No recetor, o sinal de dados é reconstruído com base nas duas frequências diferentes do sinal recebido. A relação entre o sinal FSK e o sinal de dados é mostrada na figura abaixo.

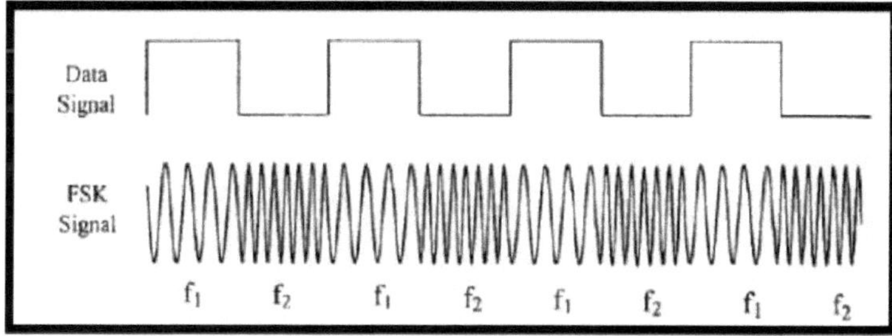

Figura 4: Caraterísticas do sinal de modulação FSK [7].

Para conseguir esta modulação FSK, utilizámos o CI 2206, que é um gerador de formas de onda

.

O diagrama do circuito do modulador FSK com o IC 2206 é apresentado e será implementado.

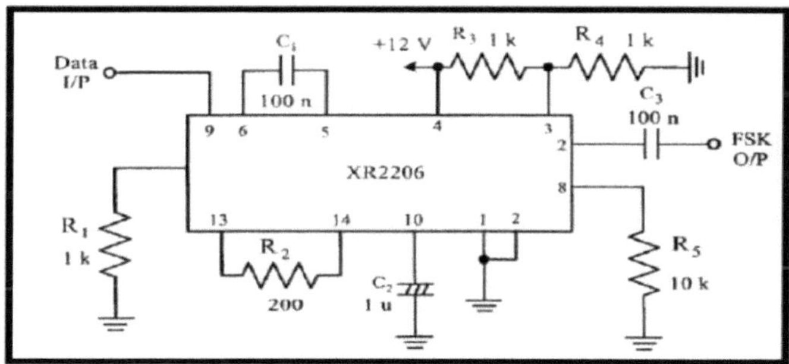

Figura 5: Diagrama de circuito de um modulador FSK com o IC 2206 [8]

Nesta figura, as resistências R3 e R4 consistem num circuito divisor de tensão. A principal função do circuito divisor de tensão é permitir que a forma de onda de tensão negativa do CI 2206 funcione normalmente. A frequência de oscilação do CI 2206 é determinada pelas resistências R1 e R5. As suas frequências de oscilação são

$$f_1 = \frac{1}{2\pi\sqrt{R_1 C_1}}$$

$$f_2 = \frac{1}{2\pi\sqrt{R_5 C_1}}$$

Existe um comparador interno no IC 2206. Vamos assumir que com uma tensão de entrada de 5 V a frequência de saída é f1 e com uma tensão de entrada de 0 V a frequência de saída é f2. Podemos utilizar o sinal TTL no pino 9 para controlar a frequência de saída para f1 ou f2. Utilizando a resistência variável, podemos definir a frequência de acordo com o nosso requisito desejado. No nosso caso, f1 é 1200 Hz e f2 é 2200Hz.

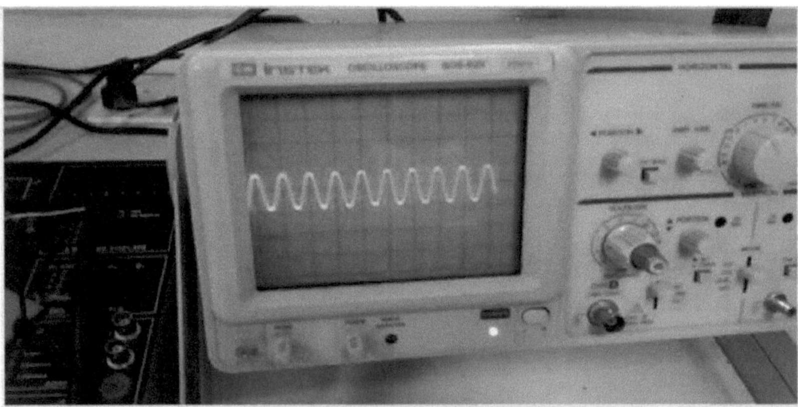

Figura 6: Saída modulada em FSK com uma entrada de 0 V

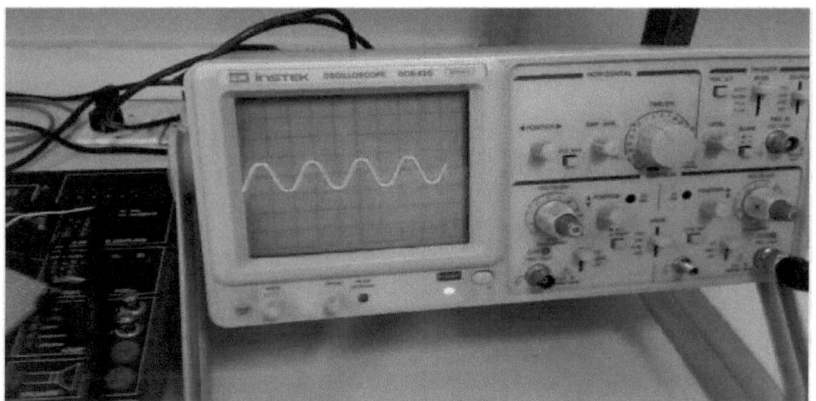

Figura 7: Saída modulada em FSK com uma entrada de 5 V

[9]Para além de implementarmos o FSK, abordámos também o problema da transmissão de sinais de voz utilizando modulação em frequência (FM), o que é conseguido com a ajuda do oscilador de Colpitt.

3.2.2 Sensor de temperatura:

Esta é a segunda tarefa que resolvemos no âmbito do projeto. Os transdutores de medição convertem dados físicos, como a temperatura, num sinal elétrico. Dependendo do transdutor, a saída tem a forma de tensão, corrente ou resistência, etc. No nosso caso, temos a saída sob a forma de tensão.

[10].O sensor de temperatura que utilizámos é o LM35 . Está facilmente disponível e é muito utilizado. Em segundo lugar, trata-se de um sensor de temperatura linear para o qual existe um código facilmente disponível. Os sensores da série LM35 são sensores de temperatura de precisão com um circuito integrado cuja tensão de saída é linearmente proporcional à temperatura Celsius. O LM35 não necessita de calibração externa, uma vez que é calibrado internamente. [11]Utilizámos o PIC como microcontrolador.

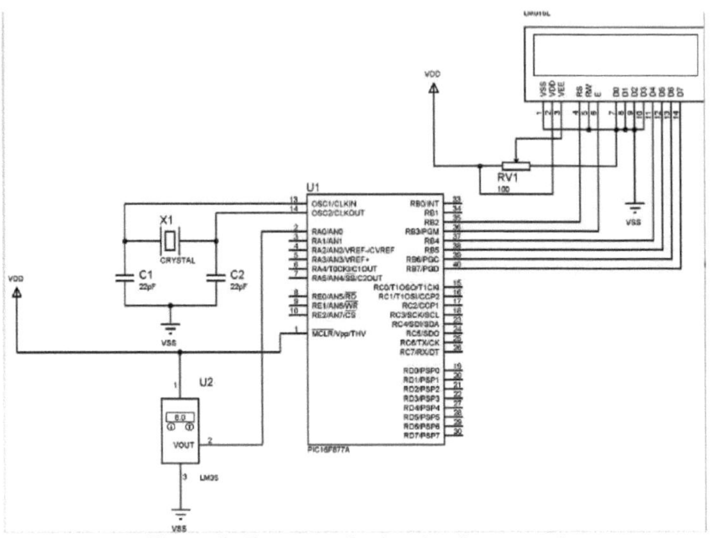

Figura 8: Esquema do circuito do sensor de temperatura

3.2. 3Sensor de humidade:

A tarefa seguinte consiste em medir a humidade utilizando circuitos integrados com temporizador 555. É utilizado um sensor de humidade digital com visor LCD para medir a quantidade relativa de vapor de água no ar. [12]O HS1101 é um sensor de humidade capacitivo e está ligado ao PIC 16F877A para medir a humidade. O sensor de humidade capacitivo altera a sua capacitância em função de uma alteração no parâmetro de medição, no nosso caso a quantidade de vapor de água no ar.

O HS1101 é um sensor de humidade capacitivo e pode ser utilizado com CIs temporizadores 555 para gerar ondas quadradas a diferentes frequências. Não é possível a um microcontrolador ler diretamente a alteração da capacitância. Por isso, usámos um circuito que converte a alteração da capacitância do HS1101 numa onda quadrada cuja frequência muda de acordo com a alteração da capacitância.

Isto permite-nos medir a frequência da onda quadrada com o microcontrolador. Existe uma relação correta entre a humidade e a frequência, que podemos utilizar para determinar a humidade.

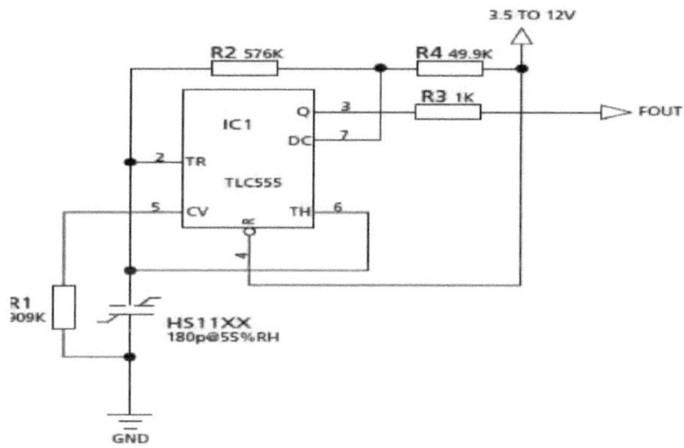

Figura 9: Diagrama do circuito do sensor de humidade

3.2.4 Sensor atual:

Existe um circuito simples que é utilizado para medir a corrente num circuito.

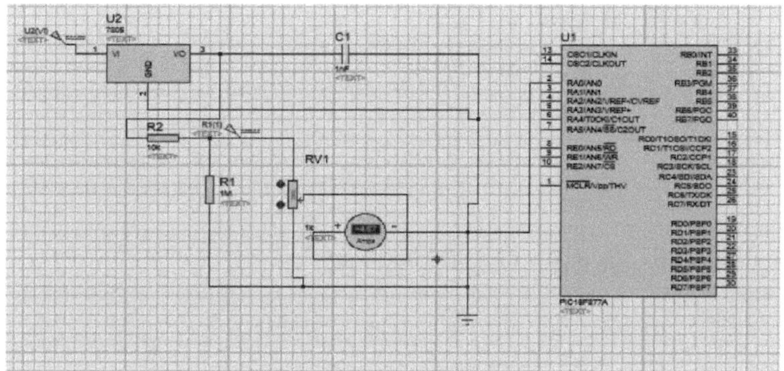

Figura 10: Simulação Proteus para medição de corrente

3.2.5 Codificador e modulador BPSK:

[13]Como precisamos de um modulador com uma frequência até 433,9 MHz, temos de encomendar um modulador e codificador BPSK específico que satisfaça o objetivo pretendido, mas implementámos a simulação deste modulador em MATLAB que satisfaz os nossos requisitos, utilizando um modulador da Synergy Microwave Corporation modelo MK-702S , que tem uma gama de frequências de 10-900 MHz.

Specifications

Product Category	QPSK Modulators and BPSK Modulators
Modulator Type	BPSK
Package Type	Connectorized
Connector Type	SMA
Carrier Frequency	10 to 900 MHz
Insertion Loss	2.5 dB
Unbalances	
Amplitude Unbalance	0.4000 dB
Phase Unbalance	2 degrees
VSWR	2:1

Fig. 11: Especificação do modulador BPSK MK-702S

3.2.6 Emissor e recetor:

Utilizámos um transmissor RF para encaminhar o sinal modulado para transmissão.

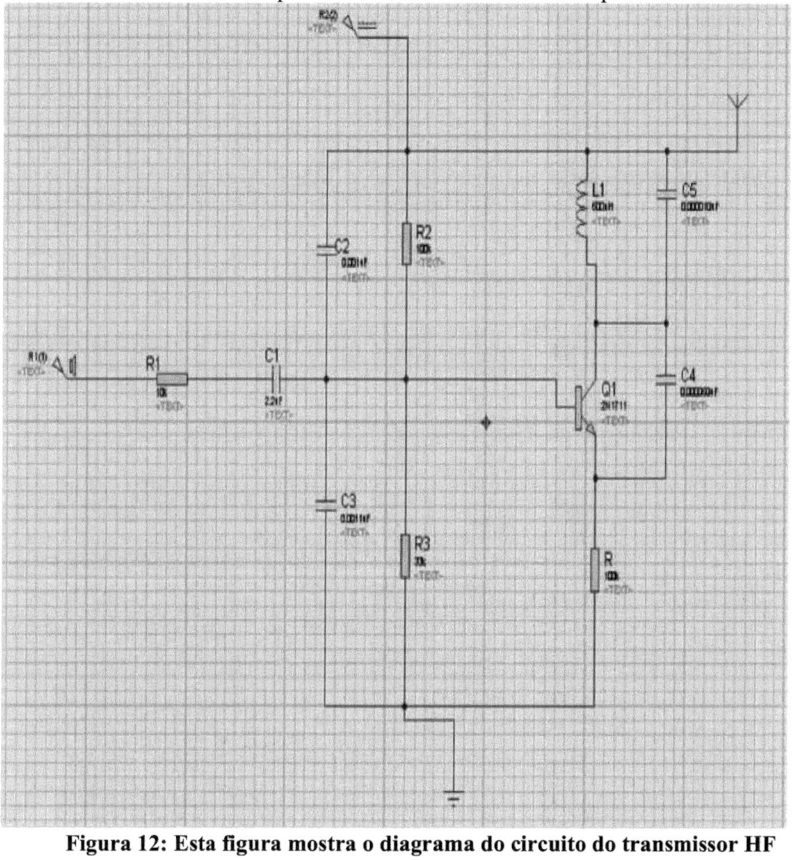

Figura 12: Esta figura mostra o diagrama do circuito do transmissor HF

Utilizaremos um kit de recetor para o recetor. O recetor é concebido para receber o sinal da unidade transmissora da estação terrestre construída pelo grupo da estação terrestre. A gama de frequências para este efeito seria de 110 MHz para a ligação descendente e de 114 MHz para a ligação ascendente.

Capítulo 4

4.1 Análise e avaliação de projectos

Todos os resultados e simulações relacionados com o modulador e os sensores são apresentados de seguida.

Simulação de um oscilador de cristal com o PIC16F877A

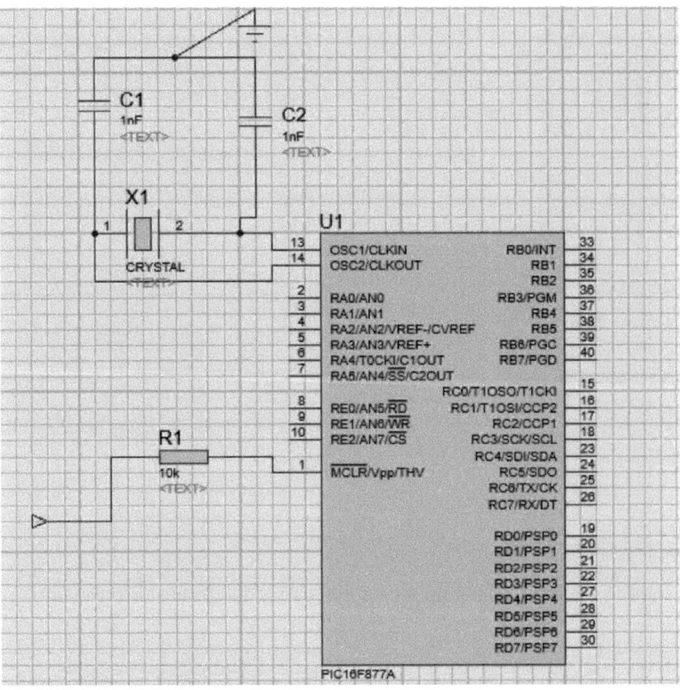

Figura 13: Simulação Proteus para oscilador de quartzo

Simulação de um oscilador de cristal com o PIC16F877A

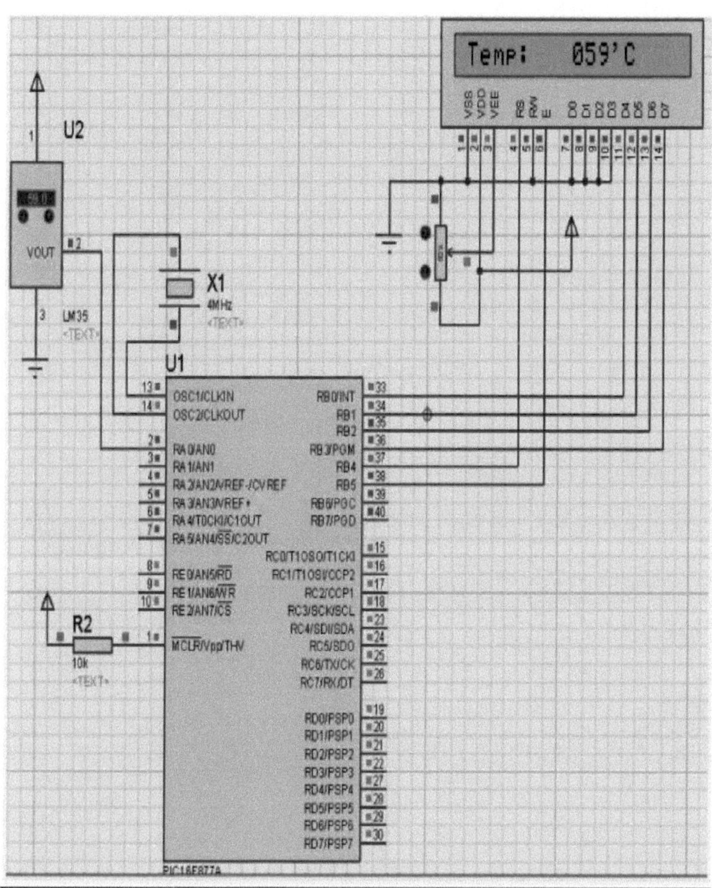

Figura 14: Simulação Proteus para o sensor de temperatura

Circuito desenvolvido para a ligação de sensores de corrente com o PIC16F877A

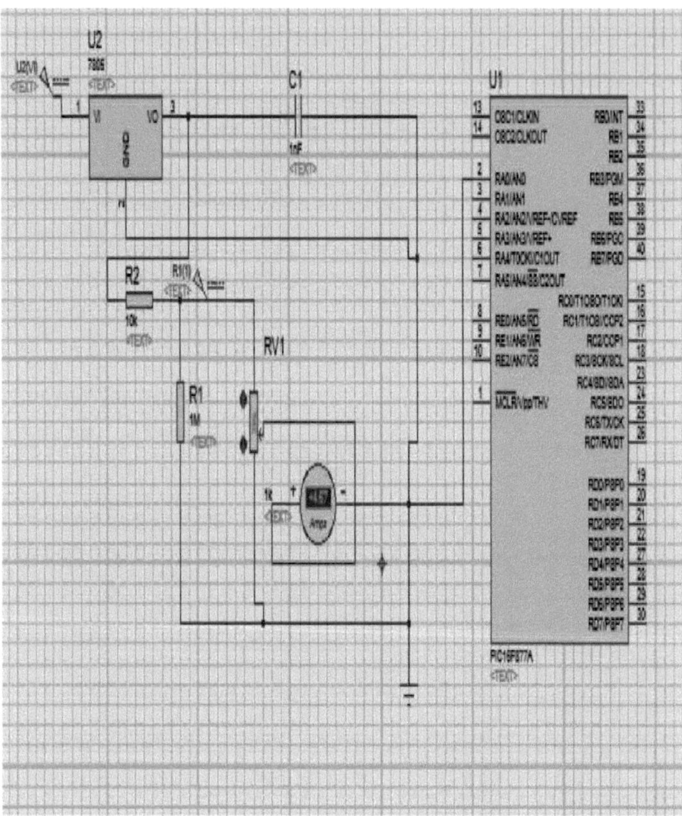

Figura 15: Simulação Proteus para medição de corrente

Para ligar o sensor de humidade e o LCD

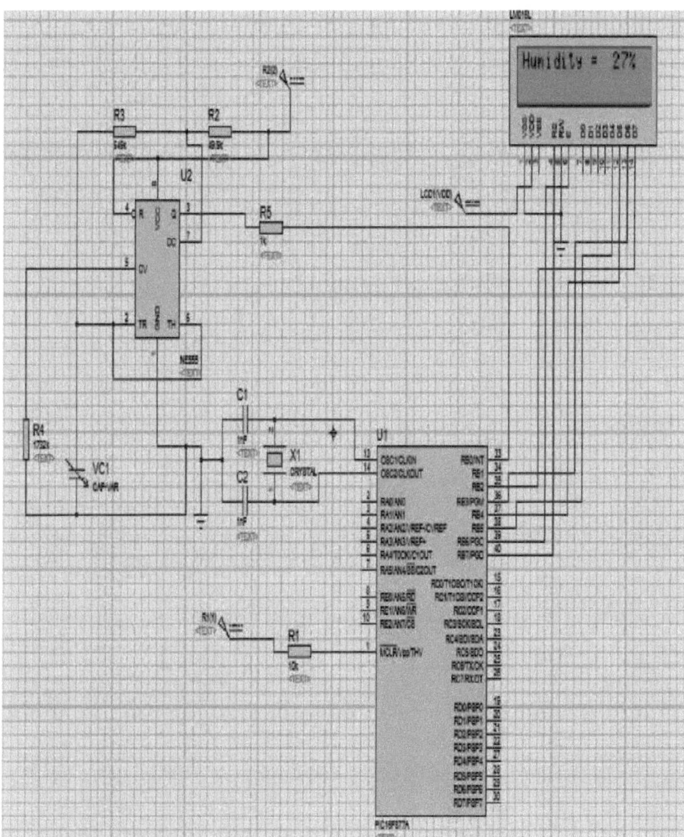

Figura 16: Simulação Proteus para o sensor de humidade

Capítulo 5

5.1 Recomendações para trabalhos futuros

Este projeto constitui a base do projeto de satélite exigido pela SUPARCO. Este projeto lança as bases para o projeto que será concluído em 2016. Será um desenvolvimento positivo para o Paquistão, impulsionando a economia e criando oportunidades de emprego.

Este programa a longo prazo foi concebido para envolver, formar e transmitir conhecimentos a estudantes universitários no domínio altamente técnico e exigente da tecnologia de satélites. O Programa Nacional de Satélites para Estudantes do Paquistão (PNSSP) inclui uma série de satélites a conceber e desenvolver por jovens e dinâmicos estudantes do país. O programa proposto constitui uma via para o desenvolvimento sustentável e avançado de satélites por estudantes sob a égide da SUPARCO.

Este projeto é uma das componentes mais importantes do projeto SUPARCO. Este projeto constitui a espinha dorsal do objetivo final: SUPARCO e os institutos selecionados concebem, desenvolvem, fabricam e lançam conjuntamente o primeiro Satélite Nacional de Estudantes-1 do Paquistão, o que contribuirá para o tão necessário crescimento industrial e para o reforço da nossa economia nacional. A SUPARCO também organiza regularmente um concurso para equipamento de satélite e financia o desenvolvimento/fabrico dos projectos vencedores.

Este projeto não só despertará o interesse dos estudantes, como também será muito útil para várias indústrias. A maioria das indústrias começará a concentrar-se nesta enorme área de desenvolvimento, até agora inexplorada, e mostrará definitivamente o seu interesse pela prosperidade do país, que é o objetivo final. Para expandir este projeto e introduzir alguns melhoramentos, podem ser introduzidos vários outros sensores que podem ser utilizados como dados de telemetria, como o sensor de tensão, o sensor de pressão e o sensor de calor, etc. Os módulos GPS também podem ser integrados neste projeto. Com a ajuda destas coordenadas, é possível determinar a posição exacta do satélite, o que também é útil para determinar se o satélite está a rodar na sua janela orbital ou não. Se o satélite se afastar da sua janela orbital, podem ser transmitidos os comandos necessários para o fazer regressar à sua posição original.

Capítulo 6

6.1 Conclusão

A unidade transmissora de carga útil é um desenvolvimento protótipo do megaprojeto, que consiste em vários pequenos módulos e satisfaz os requisitos do SUPARCO. No entanto, este projeto não se baseia totalmente nas diretrizes da SUPARCO, mas dará um resultado frutuoso que pode servir de protótipo para o projeto original. Esta unidade de carga útil pode cumprir vários objectivos diferentes. Recebe o sinal do transmissor da estação terrestre e transmite todos os dados de telemetria, ou seja, temperatura, corrente e humidade, para o recetor da estação terrestre utilizando a modulação BPSK. Também pode receber sinais de voz do transmissor da estação terrestre utilizando FM e depois transmitir este sinal para o recetor da estação terrestre. As frequências de ligação ascendente e descendente são 114 MHz e 110 MHz. Um sensor de temperatura e um microcontrolador são utilizados para integrar os dados de telemetria no transmissor da carga útil. Foi escolhida uma abordagem semelhante para a humidade e a corrente. Esta informação de telemetria é apresentada num ecrã LCD para mostrar que a informação correta está a ser recebida no segmento recetor.

São alcançados os seguintes objectivos:

7. Compreensão e conceção da unidade transmissora de carga útil

8. Simulação de diferentes blocos em diferentes programas informáticos

9. Implementação com a ajuda de um microcontrolador

10. Ligar eficazmente diferentes blocos entre si

11. Modulação BPSK para a transmissão de dados de telemetria

12. FM para a transmissão de sinais de voz

A primeira limitação do projeto é que a redundância deve ser fornecida onde é necessária, por exemplo, quando um sensor não pode receber dados e outro pode funcionar no seu lugar.

Em segundo lugar, o alcance pode ser aumentado se forem utilizados amplificadores HPA e de driver, mas como estes amplificadores não estão disponíveis, não são utilizados neste projeto.

Capítulo 7

7.1 Estrutura da demonstração

Todos os resultados e simulações relativos ao modulador e aos diferentes sensores foram apresentados no relatório. Estas são as principais caraterísticas da demonstração:

1. Modulador FM/FSK
2. Sensor de temperatura
3. Sensor de humidade
4. Circuito para medição de corrente
5. Modulador e codificador BPSK
6. Transmissor e recetor de sinais áudio

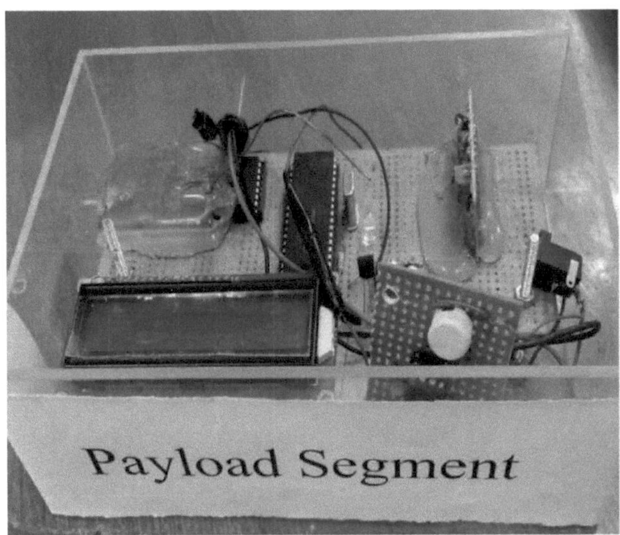

Fig. 17: Unidade de transmissão de telemetria da carga útil desligada

Fig. 18: Unidade de transmissão de telemetria da carga útil ligada

Fig. 19: Unidade transmissora/recetora da estação terrena desligada

Fig. 20: Unidade emissora/recetora da estação terrestre aguarda o comando

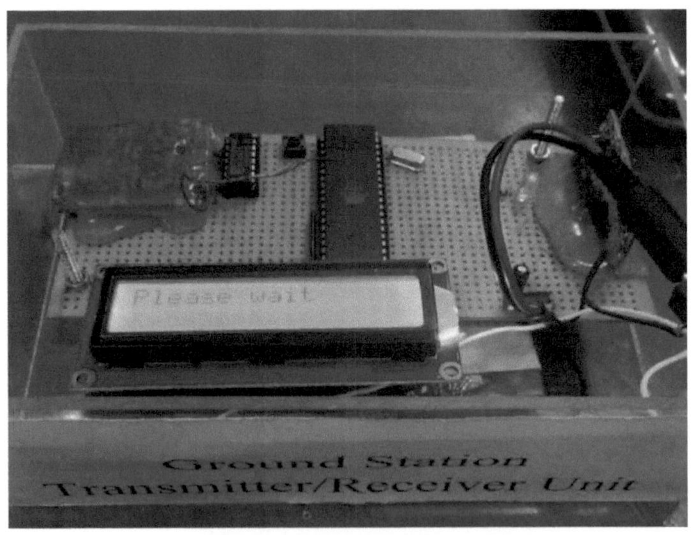

Fig. 21: Unidade emissor/recetor do
A estação terrestre processa os dados recebidos
Dados do segmento de carga útil

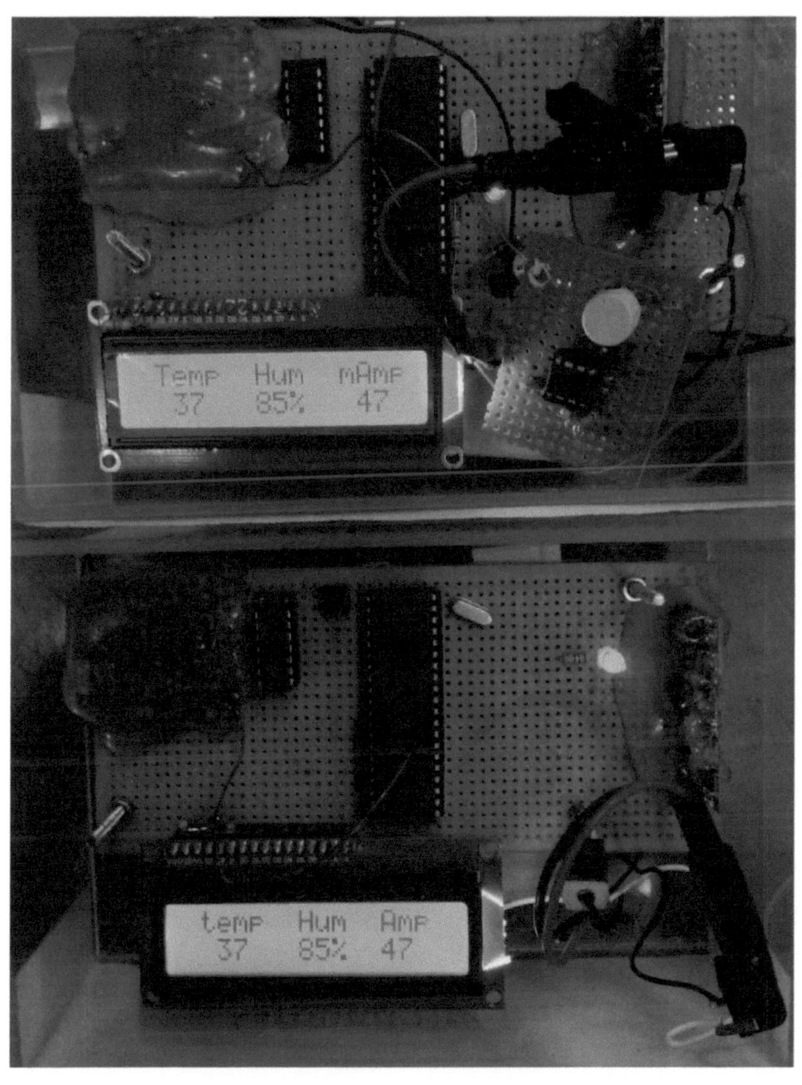

Figura 22: Estação terrena emissor/recetor
Visualização das informações de telemetria enviadas pelo segmento de carga útil

Referências

Muitas instituições e empresas que trabalham em projectos de satélites realizaram este tipo de trabalho. Algumas referências deste trabalho são as seguintes:

[1] V. rdLahr, B. Hespeler, H. Lienhart, K. Schieber, "High data rate FM modulator", em Actas do workshop internacional da ESA 3 sobre sistemas de localização, telemetria e comando para aplicações espaciais, Darmstadt, pp 241-246, setembro de 2004.

[2] Documento PNSS-1 com orientações e especificações para a conceção de unidades de transmissão de dados de carga útil.

[3] *Microcontrolador PIC usando Assembly e C*; Muhammad Ali Mazidi, Sarmad Naimi, Sepehr Naimi; 792 páginas; 2010;

[4] Documento PNSS-1 com orientações e especificações para a conceção de unidades de transmissão de dados de carga útil.

[5] Horowitz, Paul; Winfield Hill (1989). *A Arte da Eletrónica, 2ª Ed.* Londres: Cambridge University Press. pp. 885,897. ISBN 0-521-37095-7.

[6] Depois de conhecimentos e esforços conjuntos

[7] Mohammed K. Abul Foel, Universidade Islâmica de Gaza, Faculdade de Engenharia, pp. 205-208, dezembro de 2011.

[8] Mohammed K. Abul Foel, Universidade Islâmica de Gaza, Faculdade de Engenharia, pp. 205-208, dezembro de 2011.

[9] Computador de bordo, software de bordo e funcionamento do satélite (Jens Eickhoff)

[10] Conceção de sistemas incorporados: uma introdução aos processos, ferramentas e técnicas (Arnold S. Berger)

[11] *Microcontrolador PIC usando Assembly e C*; Muhammad Ali Mazidi, Sarmad Naimi, Sepehr Naimi; 792 páginas; 2010;

[12] Aldo Bojarski, Werner Fichte, "Humidity Sensors", Sensors for Automotive Applications, Vol. 4, pp. 343-473, 2003.

[13] Couch, Leon W. II (1997). *Digital and analogue communication (Comunicação digital e analógica)*. Upper Saddle River, NJ: Prentice-Hall

Apêndice A

UNIDADE DE ENVIO DE CARGA ÚTIL

Extended Title:

Preliminary Design and Prototype Development of Payload Data Transmitter for PNSS-1

Brief Description of The Project / Thesis with Salient Specs:

This proposal defines the broad requirements for Payload Transmitter Unit of PNSS-1 satellite. Payload transmitter unit shall be able to transmit payload data to antenna for onward transmission to ground. Payload transmitter unit shall be able to receive and modulate payload data from Payload Processing Unit (PPU). Payload transmitter unit shall be able to process and transmit its own telemetry to Data Handling Unit (DHU) through Controller Area Network (CAN). Payload transmitter unit shall be able to receive and process telecommand from DHU through CAN. Payload transmitter unit shall operate at voltage level of +5V and +12VDC.

Scope of Work :

- Understanding and designing of the payload transmitter unit.
- Simulation in MATLAB of different blocks.
- Implementation with help of microcontroller.

Academic Objectives :

- Scalability
- Simulation in MATLAB/ proteus, Lab view.
- Implementation of different techniques to ensure maximum efficiency/ data rates
- Modularity
- Interfacing various modules while ensuring power efficiency
- Clock generation and its transmission

Application / End Goal Objectives :

- Maximum Utilization of existing heritage
- Modularity in design
- Achieving variable data rates
- Optimize the design for an output level of at least 130 dBm
- Cost effective and innovative product

Previous Work Done on The Subject :

Many institutions and companies working on the satellite projects have done this type of work. Some references of these works are as follows:

- M. Zoyo & al., "X-band 22 W SSPA for earth observation satellite", in proceedings of GAAS'99 Conference, pp. 190-193.
- V. Lahr, B. Hespeler, H. Lienhart, K. Schieber, "High data rate QPSK modulator", in proceedings of ESA 3rd international workshop on Tracking, Telemetry and Command systems for space application, Darmstadt, pp 241-246, September 2004.

Material Resources Required : Various materials related to these Blocks are requirement of the project : • Payload Processing unit (PPU) • VHF data transmitter, LO, • Narrow View Camera • BPSK Modulator • High Power Amplifier(FET) • Wide View Camera • Experimental Payload
No of Students Required : 3
Special Skills Required : • High Frequency Structure Simulator (HFSS) • Advanced System design (ADS) • MATLAB simulation • Use of microcontroller • Proteus • Model simulation • Lab View

Apêndice B
Código utilizado para o projeto

```
#include <16F877A.h>
#device adc=10
#FUSES NOWDT                 //No Watch Dog Timer
#FUSES HS                  //High speed Osc (> 4mhz)
#FUSES NOPUT                 //No Power Up Timer
#FUSES NOPROTECT               //Code not protected from reading
#FUSES NODEBUG               //No Debug mode for ICD
#FUSES NOBROWNOUT              //No brownout reset
#FUSES NOLVP                 //No low voltage prgming, B3(PIC16) or B5(PIC18) used for I/O
#FUSES NOCPD                 //No EE protection
#FUSES WRT_50%                //Lower half of Program Memory is Write Protected

#use delay(clock=12000000)
#use rs232(baud=2400,parity=N,xmit=PIN_C6,rcv=PIN_C7,bits=8)
#include <stdio.h>
#include <lcd.c>
int16 temp = 0;
int16 hum = 0;
int16 amps = 0;
int8 i = 0;
int8 comm = 0;
bit rx = 0;
void serial(void)
{comm =
        if(comm == '@')
        {       rx = 1;
        }}
void display(void)
{
```

```
            lcd_putc(" Temp  Hum  mAmp ");
            lcd_putc(temp, hum, amps);
}
void main(void)
{
  setup_port_a( ALL_ANALOG );
  setup_adc( ADC_CLOCK_INTERNAL );
            lcd_putc(" Please Wait... ");
            delay_ms(2000);
            while(1)
            {
             set_adc_channel( 0 );
                        temp = Read_ADC( );
                         temp = temp / 2;
            set_adc_channel( 1 );
                        current = Read_ADC( );
             set_adc_channel( 2 );
                        hum = Read_ADC( ); hum = hum / 11;
             display();
            if(rx == 1)
            {           putc(temp);
                        delay_ms(1000);
                        putc(hum);
                        delay_ms(1000);
                        putc(amps);
                        delay_ms(1000);
}}}
```

Apêndice C

Código MATLAB do modulador BPSK e da sua saída:

```
nS=100;
nSym=20000;
M=2;
SNR=.1;
Tb=1e-6;
fc=1e6;
att = 1;

s=randi([0 M-1], nSym, 1);
s_mod=pskmod(s,M,pi);
s_mod=rectpulse(s_mod, nS);
%stem(0:nS*nSym-1, s_mod(1:nS*nSym));
h1=scatterplot(s_mod);
t=0:(Tb/(nS)):nSym*Tb-(Tb/(nS));
t=transpose(t);

figure(3);plot(t,s_mod);
axis([0 (10*Tb-(Tb/(nS))) -1.2 1.2]);
title('Input Bit Stream After NRZ Encoded')
xlabel('Time (sec)')
ylabel('Amp')
s_tx_nn=s_mod.*cos(2*pi*fc*t);

figure(4); plot(t,s_tx_nn);
axis([0 (10*Tb-(Tb/(nS))) -1 1]);
title('BPSK mod wave')
xlabel('Time (sec)')
ylabel('Amp')
```

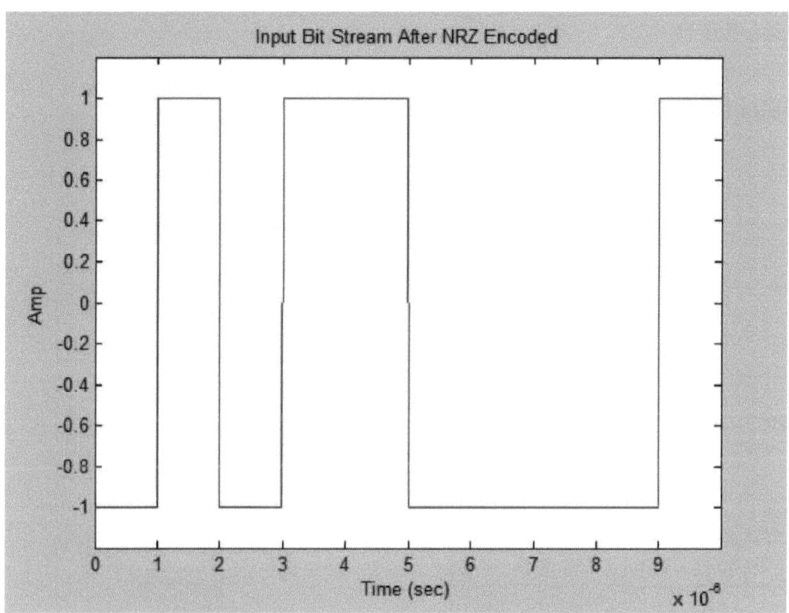

Figura App C1: Fluxo de bits NRZ de entrada

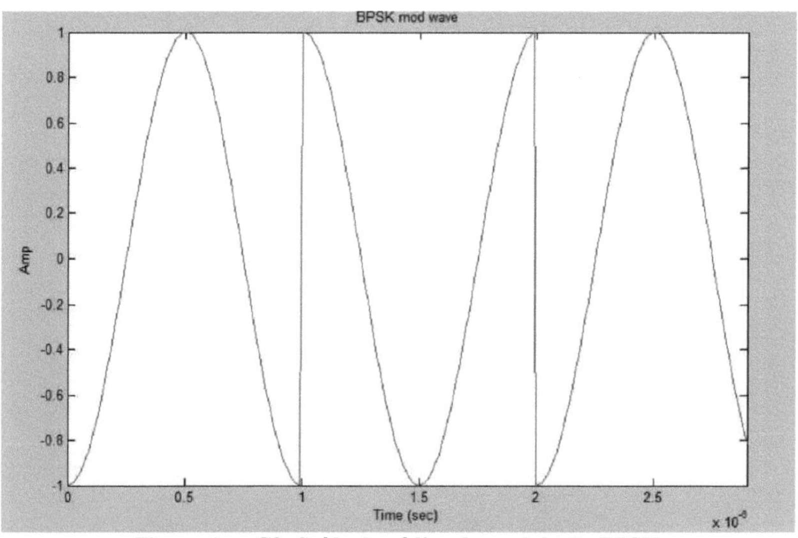

Figura App C2: Saída do código de modulação BPSK

Apêndice D

Linha do tempo

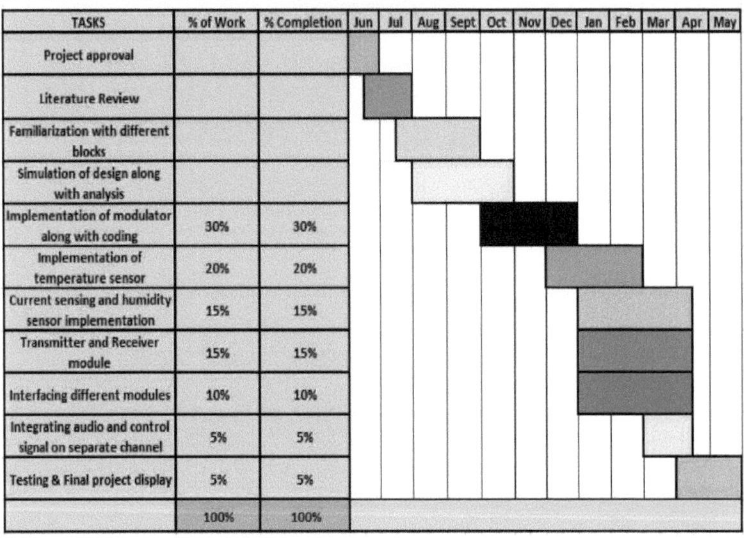

TIMELINE

Preliminary Design and Prototype Development of Payload Trasnsmitter Unit

TASKS	% of Work	% Completion	Jun	Jul	Aug	Sept	Oct	Nov	Dec	Jan	Feb	Mar	Apr	May
Project approval														
Literature Review														
Familiarization with different blocks														
Simulation of design along with analysis														
Implementation of modulator along with coding	30%	30%												
Implementation of temperature sensor	20%	20%												
Current sensing and humidity sensor implementation	15%	15%												
Transmitter and Receiver module	15%	15%												
Interfacing different modules	10%	10%												
Integrating audio and control signal on separate channel	5%	5%												
Testing & Final project display	5%	5%												
	100%	100%												

Apêndice E

Repartição dos custos

O custo estimado do projeto descrito é de 27950 rupias.

Name of Component	No of Units	Unit Price	Total Price
HS-1101	4	Rs 800	Rs 3200
LM 35	5	Rs 50	Rs 250
Crystal Oscillator	4	Rs 50	Rs 200
LCD	8	Rs 100	Rs 800
7805	5	Rs 100	Rs 400
MK-702S	3	Rs 2500	Rs 7500
4066 Quad Bilateral switch	4	Rs 600	Rs 2400
Connectors		Rs 200	Rs 200
Misc Components (Resistors , Capacitors, inductors etc)			Rs 4000
Vero board			Rs 2000
PIC Microcontroller			Rs 2000
Miscellaneous			Rs 5000
GRAND TOAL			Rs 27950

Índice

Printed by Books on Demand GmbH, Norderstedt / Germany